essentials liefern aktuelles Wissen in konzentrierter Form. Die Essenz dessen, worauf es als „State-of-the-Art" in der gegenwärtigen Fachdiskussion oder in der Praxis ankommt. *essentials* informieren schnell, unkompliziert und verständlich

- als Einführung in ein aktuelles Thema aus Ihrem Fachgebiet
- als Einstieg in ein für Sie noch unbekanntes Themenfeld
- als Einblick, um zum Thema mitreden zu können

Die Bücher in elektronischer und gedruckter Form bringen das Expertenwissen von Springer-Fachautoren kompakt zur Darstellung. Sie sind besonders für die Nutzung als eBook auf Tablet-PCs, eBook-Readern und Smartphones geeignet. *essentials:* Wissensbausteine aus den Wirtschafts-, Sozial- und Geisteswissenschaften, aus Technik und Naturwissenschaften sowie aus Medizin, Psychologie und Gesundheitsberufen. Von renommierten Autoren aller Springer-Verlagsmarken.

Weitere Bände in der Reihe http://www.springer.com/series/13088

Claudia Alfes-Neumann

Modulformen

Fundamentale Werkzeuge der Mathematik

Springer Spektrum

Claudia Alfes-Neumann
Institut für Mathematik
Universität Paderborn
Paderborn, Deutschland

ISSN 2197-6708   ISSN 2197-6716   (electronic)
essentials
ISBN 978-3-658-30191-0   ISBN 978-3-658-30192-7   (eBook)
https://doi.org/10.1007/978-3-658-30192-7

Die Deutsche Nationalbibliothek verzeichnet diese Publikation in der Deutschen Nationalbibliografie; detaillierte bibliografische Daten sind im Internet über http://dnb.d-nb.de abrufbar.

Planung/Lektorat: Iris Ruhmann
Springer Spektrum ist ein Imprint der eingetragenen Gesellschaft Springer Fachmedien Wiesbaden GmbH und ist ein Teil von Springer Nature.
Die Anschrift der Gesellschaft ist: Abraham-Lincoln-Str. 46, 65189 Wiesbaden, Germany

Was Sie in diesem *essential* finden können

- Grundbegriffe der komplexen Analysis
- Einführung in die Theorie der Modulformen
- Konstruktion und Beispiele von Modulformen
- Anwendungen in der Zahlentheorie
- Einführung in die Theorie der Hecke-Operatoren und L-Funktionen

Inhaltsverzeichnis

Einleitung

1

Dieses *essential* handelt von Modulformen und ihrer Bedeutung als fundamentale Werkzeuge in der Mathematik. Diese – zunächst rein analytisch definierten – Funktionen treten in sehr vielen Bereichen der Mathematik auf: Sehr prominent in der Zahlentheorie, aber auch in der Geometrie, Kombinatorik, Darstellungstheorie und der Physik.

Häufig tauchen Modulformen auf, wenn man erzeugende Reihen von *interessanten* Folgen $a(n)$, $n \in \mathbb{N}$, komplexer Zahlen betrachtet. *Interessant* kann hierbei bedeuten, dass man eine zahlentheoretische Funktion betrachtet, aber auch andere Funktionen, beispielsweise aus der Physik, sind denkbar. Möchte man nun zum Beispiel Aussagen über das Wachstum der $a(n)$ treffen oder eine alternative Darstellung oder einfachere Beschreibung finden, so ist ein Ansatz, die sogenannte *erzeugende Reihe* der $a(n)$ zu betrachten, nämlich

$$\sum_{n=1}^{\infty} a(n)q^n.$$

Hierbei ist q zunächst eine formale Variable. Setzt man nun $q := e^{2\pi i z}$, wobei z ein Element der oberen komplexen Halbebene $\mathbb{H} := \{z \in \mathbb{C} \mid \Im(z) > 0\}$ ist, so erhält man häufig eine Modulform. Alleine die Eigenschaften von Modulformen ermöglichen es, Wachstumsaussagen zu treffen und häufig auch eine einfache Formel für die $a(n)$ zu finden.

In diesem *essential* wiederholen wir im ersten Kapitel zunächst die notwendigen Grundlagen aus der komplexen Analysis und definieren dann das fundamentale Objekt, nämlich Modulformen. Im dritten Kapitel konstruieren wir Modulformen und geben einige Anwendungen in der Zahlentheorie an. Das vierte Kapitel greift zwei wichtige Aspekte der Theorie rund um Modulformen auf, nämlich Hecke-

© Springer Fachmedien Wiesbaden GmbH, ein Teil von Springer Nature 2020
C. Alfes-Neumann, *Modulformen*, essentials,
https://doi.org/10.1007/978-3-658-30192-7_1

1

Operatoren und L-Funktionen von Modulformen. Hier beleuchten wir kurz die Verbindung zu elliptischen Kurven. Den Abschluss bildet ein Kapitel über reell-analytische Verallgemeinerungen von Modulformen, die in der aktuellen Forschung eine bedeutende Rolle spielen.

Zum Schluss sei darauf hingewiesen, dass dieses *essential* nur einen sehr kleinen Bereich von Anwendungen der Theorie der Modulformen abdeckt. Für ein deutlich umfassenderes Bild verweisen wir auf [KK07, BvdGHZ08] und [Ono04]. Eine Einführung in rechnerische Aspekte bietet [Ste07].

Zudem möchte ich Markus Schwagenscheidt dafür danken, dass er dieses Buch sorgfältig Korrektur gelesen hat.

Grundlagen der komplexen Analysis   2

2.1 Holomorphe Funktionen

Die komplexen Zahlen bezeichnen wir wie üblich mit $\mathbb{C}$.

Definition 2.1 Sei $U \subset \mathbb{C}$ eine offene Teilmenge von $\mathbb{C}$ und $z_0 \in U$. Eine Funktion $f : U \to \mathbb{C}$ heißt *komplex differenzierbar in z_0*, wenn

$$\lim_{z \to z_0} \frac{f(z) - f(z_0)}{z - z_0}$$

existiert. In diesem Fall heißt $f'(z_0) := \lim_{z \to z_0} \frac{f(z) - f(z_0)}{z - z_0}$ die *Ableitung von f an der Stelle z_0*.

Beispiel 2.1 1. Sei $p(z) = \sum_{n=0}^{m} a_n z^n \in \mathbb{C}[z]$ ein Polynom. Dann gilt für $z \neq z_0$ nach der geometrischen Summenformel

$$\frac{p(z) - p(z_0)}{z - z_0} = \sum_{n=1}^{m} a_n \frac{z^n - z_0^n}{z - z_0} = \sum_{n=1}^{m} a_n \sum_{j=0}^{n-1} z^j z_0^{n-1-j}$$

$$\xrightarrow{z \to z_0} \sum_{n=1}^{m} a_n \sum_{j=0}^{n-1} z_0^{n-1} = \sum_{n=1}^{m} n a_n z_0^{n-1}.$$

Also ist $p(z)$ komplex differenzierbar in allen Punkten $z_0 \in \mathbb{C}$.

2. Die Funktion $f : \mathbb{C} \to \mathbb{C},\ z \mapsto \mathfrak{R}(z)$ ist in keinem Punkt $z_0 \in \mathbb{C}$ komplex differenzierbar. Es gilt nämlich

© Springer Fachmedien Wiesbaden GmbH, ein Teil von Springer Nature 2020   3
C. Alfes-Neumann, *Modulformen*, essentials,
https://doi.org/10.1007/978-3-658-30192-7_2

$$\frac{f(z_0 + 1/n) - f(z_0)}{z_0 + 1/n - z_0} = \frac{1/n}{1/n} = 1, \quad \frac{f(z_0 + i/n) - f(z_0)}{z_0 + i/n - z_0} = 0.$$

Definition 2.2 Sei $U \subset \mathbb{C}$ eine offene Teilmenge von $\mathbb{C}$ und $z_0 \in U$. Eine Funktion $f : U \to \mathbb{C}$ heißt *holomorph in* z_0, wenn f in einer Umgebung von z_0 komplex differenzierbar ist. Die Funktion $f : U \to \mathbb{C}$ heißt *holomorph*, wenn f in allen Punkten $z_0 \in U$ komplex differenzierbar ist.

Holomorphe Funktionen der Periode 1 besitzen eine besondere Darstellung als Fourierreihe, die wir im folgenden Satz beschreiben.

Theorem 2.1 *Seien* $-\infty \leq a < b \leq \infty$ *und* $S_{a,b} := \{z \in \mathbb{C} : a < \Im(z) < b\}$ *ein Streifen in* $\mathbb{C}$. *Sei* $f : S_{a,b} \to \mathbb{C}$ *eine holomorphe Funktion mit der Periode* 1. *Dann lässt sich* f *eindeutig als Fourierreihe darstellen*

$$f(z) = \sum_{n=-\infty}^{\infty} a(n)e^{2\pi i n z},$$

die auf dem Streifen $S_{a,b}$ *absolut konvergiert und lokal gleichmäßig gegen* f *konvergiert. Für einen Punkt* $z_0 \in S_{a,b}$ *und* $n \in \mathbb{Z}$ *gilt*

$$a(n) = \int_0^1 f(x + iy)e^{-2\pi i n(x+iy)}dx, \quad y \in [a, b].$$

Für eine genaue Beschreibung des komplexen Integrals verweisen wir auf [FB93].

2.2   Meromorphe Funktionen

Auch Funktionen mit gewissen Singularitäten werden für uns interessant sein. Sei $U \subset \mathbb{C}$ eine offene Teilmenge von $\mathbb{C}$. Wir betrachten isolierte Singularitäten $a \in U$ von f: Dies sind Punkte $a \in U$, zu denen ein $r > 0$ existiert, sodass die Einschränkung von f auf $K_r(a) \setminus \{a\}$ holomorph ist. Hierbei bezeichnet $K_r(a)$ den Kreis mit Mittelpunkt a vom Radius $r > 0$.

Definition 2.3 Sei $U \subset \mathbb{C}$ eine offene Teilmenge von $\mathbb{C}$. Weiter sei $f : U \setminus \{a\} \to \mathbb{C}$ eine holomorphe Funktion, die in $a \in U$ eine isolierte Singularität hat. Gilt $\lim_{z \to a} |f(z)| = \infty$, so sagt man, dass f *in* a *einen Pol hat*.

Zu einem Pol a einer holomorphen Funktion $f : U \setminus \{a\} \to \mathbb{C}$ existiert eine eindeutig bestimmte natürliche Zahl $n \in \mathbb{N}$ und eine holomorphe Funktion $h : U \to \mathbb{C}$ mit

$$f(z) = (z - a)^{-n} \cdot h(z), \quad z \in U \setminus \{a\}, \; h(a) \neq 0.$$

Man nennt die Zahl n die *Ordnung* oder *Vielfachheit* des Pols in a. Man schreibt $-n = \operatorname{ord}_a (f)$.

In diesem Fall besitzt die Funktion f eine sogenannte *Laurent-Entwicklung* der Form

$$f(z) = \sum_{m=-n}^{\infty} b(m)(z - a)^m.$$

Die Koeffizienten $b(m)$ sind eindeutig bestimmt und können explizit beschrieben werden (siehe dazu zum Beispiel [FB93]).

Definition 2.4 Sei $U \subset \mathbb{C}$ eine offene Teilmenge. Eine holomorphe Funktion $f : U \setminus P_f \to \mathbb{C}$ heißt *meromorph*, falls P_f eine diskrete Teilmenge von U ist und f in den Punkten von P_f Pole besitzt.

Modulformen 3

3.1 Die Operation der Modulgruppe auf der oberen Halbebene

Wir betrachten im Folgenden die obere Halbebene der komplexen Zahlenebene

$$\mathbb{H} := \{z \in \mathbb{C} \mid \Im(z) > 0\}.$$

Die spezielle lineare Gruppe der 2×2-Matrizen mit Einträgen in den ganzen Zahlen

$$\mathrm{SL}_2(\mathbb{Z}) = \left\{ M = \begin{pmatrix} a & b \\ c & d \end{pmatrix} \in \mathbb{Z}^2 \mid \det(M) = 1 \right\}$$

operiert auf der oberen Halbebene mittels *gebrochen linearen Transformationen* (oder *Möbiustransformationen*)

$$z \mapsto Mz := \frac{az + b}{cz + d}, \quad M = \begin{pmatrix} a & b \\ c & d \end{pmatrix} \in \mathrm{SL}_2(\mathbb{Z}).$$

Für $M = \begin{pmatrix} a & b \\ c & d \end{pmatrix}$ gilt

$$\Im(Mz) = \frac{\Im(z)}{|cz + d|^2},$$

also ist die Operation wohldefiniert. Ebenfalls rechnet man schnell nach, dass $Ez = z$, wobei E die Einheitsmatrix bezeichnet, und dass $M(Nz) = (MN)z$ für $M, N \in \mathrm{SL}_2(\mathbb{Z})$ gilt. Man nennt die Gruppe $\mathrm{SL}_2(\mathbb{Z})$ auch die *Modulgruppe*.

Beispiel 3.1 1. Die Matrix $T = \begin{pmatrix} 1 & 1 \\ 0 & 1 \end{pmatrix}$ wirkt durch Translation $Tz = z + 1$.

© Springer Fachmedien Wiesbaden GmbH, ein Teil von Springer Nature 2020   7
C. Alfes-Neumann, *Modulformen*, essentials,
https://doi.org/10.1007/978-3-658-30192-7_3

2. Die Matrix $S = \left(\begin{smallmatrix} 0 & -1 \\ 1 & 0 \end{smallmatrix}\right)$ wirkt durch eine Inversion am Einheitskreis $Sz = -\frac{1}{z}$.

Ein für uns wichtiges Resultat ist der folgende Satz.

Theorem 3.1 *Die Modulgruppe* $\mathrm{SL}_2(\mathbb{Z})$ *wird von den Matrizen S und T erzeugt.*

Ein Beweis dieser Aussage findet sich beispielsweise in [KK07].

3.2   Die Modulfigur

Wir beschreiben nun einen Fundamentalbereich für die Operation von $\mathrm{SL}_2(\mathbb{Z})$ auf der oberen Halbebene. Hierbei handelt es sich um eine offene Teilmenge $\mathscr{F} \subset \mathbb{H}$, sodass keine zwei verschiedenen Punkte aus $\mathscr{F}$ äquivalent unter der Operation von $\mathrm{SL}_2(\mathbb{Z})$ sind und jeder Punkt $z \in \mathbb{H}$ unter der Operation von $\mathrm{SL}_2(\mathbb{Z})$ zu einem Punkt in $\mathscr{F}$ äquivalent ist.

Theorem 3.2 *Die Menge*

$$\mathscr{F} = \left\{ z \in \mathbb{H} \mid \Re(z) \in \left(-\frac{1}{2}, \frac{1}{2} \right], \; |z| \geq 1, \; |z| > 1 \text{ für } \Re(z) \in \left(-\frac{1}{2}, 0 \right] \right\}$$

ist ein Fundamentalbereich für die Operation von $\mathrm{SL}_2(\mathbb{Z})$ *auf der oberen Halbebene (siehe auch Abb. 3.1).*

Beweis Wir zeigen zunächst, dass es zu jedem $z \in \mathbb{H}$ eine Matrix $M \in \mathrm{SL}_2(\mathbb{Z})$ gibt, sodass Mz in der Menge

$$\widetilde{\mathscr{F}} = \left\{ z \in \mathbb{H} \mid |z| \geq 1, \; \Re(z) \in \left[-\frac{1}{2}, \frac{1}{2} \right] \right\}$$

liegt.

Das Gitter $\mathbb{Z}z + \mathbb{Z}$ liegt diskret in $\mathbb{C}$ (siehe zum Beispiel [KK07]). Also gibt es ein Paar $(c, d) \in \mathbb{Z}^2 \setminus \{(0, 0)\}$, sodass

$$|mz + n| \geq |cz + d| \quad \text{für alle } (m, n) \in \mathbb{Z}^2 \setminus \{(0, 0)\}.$$

Wir wählen $M_0 = \left(\begin{smallmatrix} * & * \\ c & d \end{smallmatrix}\right) \in \mathrm{SL}_2(\mathbb{Z})$, dann gilt $\frac{1}{|mz+n|^2} \leq \frac{1}{|cz+d|^2}$ und damit

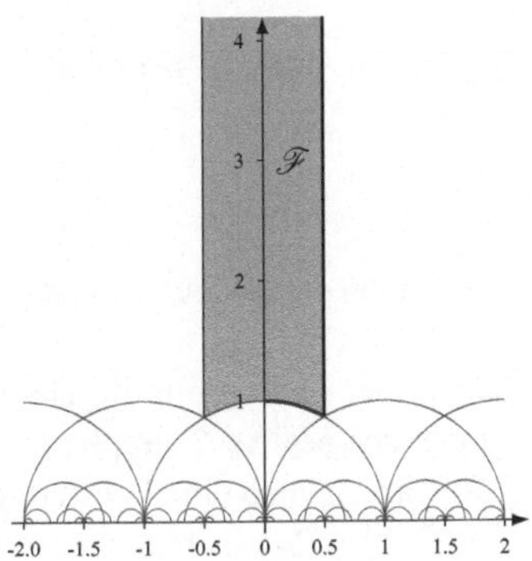

Abb. 3.1 Der Fundamentalbereich $\mathscr{F}$

$$\Im(Mz) \leq \Im(M_0 z) \quad \text{für alle } M \in \mathrm{SL}_2(\mathbb{Z}). \tag{3.1}$$

Zu $z_0 := M_0 z$ betrachten wir nun $z_0 + n = \left(\begin{smallmatrix} 1 & n \\ 0 & 1 \end{smallmatrix}\right) z_0$ mit $n \in \mathbb{Z}$. Durch geeignete Wahl von n kann man annehmen, dass $|\Re(z_0)| \leq \frac{1}{2}$, da sich der Imaginärteil von z_0 dadurch nicht ändert.

Wählen wir in (3.1) speziell $M = \left(\begin{smallmatrix} 0 & -1 \\ 1 & 0 \end{smallmatrix}\right) M_0$, so folgt

$$\Im(z_0) \geq \Im\left(\begin{pmatrix} 0 & -1 \\ 1 & 0 \end{pmatrix} z_0\right) = \frac{\Im(z_0)}{|z_0|^2},$$

also $|z_0|^2 \geq 1$.

Wir bemerken nun noch, dass die Punkte $z \in \mathbb{H}$ mit $\Re(z) = \pm\frac{1}{2}$ durch die Operation der Matrix T ($z \mapsto z + 1$) zueinander äquivalent sind. Die Punkte $z \in \mathbb{H}$ auf der linken und rechten Hälfte des Kreisbogens $|z| = 1$ werden via S ($z \mapsto -\frac{1}{z}$) ineinander überführt.

3.3 Der Vektorraum der Modulformen

Definition 3.1 Sei $k \in \mathbb{Z}$. Eine Funktion $f : \mathbb{H} \to \mathbb{C}$ heißt *Modulform vom Gewicht k zu* $\mathrm{SL}_2(\mathbb{Z})$, wenn die folgenden Bedingungen erfüllt sind:

1. f ist holomorph auf $\mathbb{H}$;
2. Es gilt

$$f(Mz) = (cz + d)^k f(z) \text{ für alle } z \in \mathbb{H} \text{ und } M = \begin{pmatrix} a & b \\ c & d \end{pmatrix} \in \mathrm{SL}_2(\mathbb{Z});$$

3. f ist holomorph in ∞.

Falls f in ∞ verschwindet, nennt man f eine *Spitzenform vom Gewicht k zu* $\mathrm{SL}_2(\mathbb{Z})$.

Wir wollen den letzten Punkt in der Definition, die Holomorphie in ∞, genauer beleuchten. Die Invarianz unter der Matrix T impliziert die 1-Periodizität einer Modulform f. Nach Satz 2.1 besitzt f also eine Fourierentwicklung.

Die Abbildung $\mathbb{H} \to \{q \in \mathbb{C} : 0 < |q| < 1\}$, $z \mapsto e^{2\pi i z} =: q$ ist surjektiv und holomorph. Wegen der 1-Periodizität von f ist die Funktion $g(q) = f\left(\frac{\log q}{2\pi i}\right)$ wohldefiniert und holomorph für $0 < |q| < 1$. Also besitzt g eine Laurent-Entwicklung $g(q) = \sum_{n \in \mathbb{Z}} a(n) q^n$. Dass f holomorph in ∞ ist bedeutet nun, dass $g(q) = \sum_{n=0}^{\infty} a(n) q^n$ gilt. Damit besitzt f eine Fourierentwicklung der Form

$$f(z) = \sum_{n=0}^{\infty} a(n) e^{2\pi i n z} \text{ mit } a(n) \in \mathbb{C}.$$

Falls f eine Spitzenform ist, gilt $a(0) = 0$. Weiter ist $a(n) = \int_0^1 f(x + iy) e^{-2\pi i n(x+iy)} dx$, wobei $y > 0$ beliebig ist.

Anmerkung 3.1

1. Sei $k \in \mathbb{Z}$ ungerade. Dann gilt

$$f(z) = f((-E)z) = (-1)^k f(z) = -f(z),$$

   also gibt es keine Modulformen von ungeradem Gewicht zu $\mathrm{SL}_2(\mathbb{Z})$.
2. Wegen $\mathrm{SL}_2(\mathbb{Z}) = \langle S, T \rangle$ reicht es, die Transformationseigenschaft in 2. für die Matrizen S und T zu überprüfen.
3. Sei f eine Modulform vom Gewicht k zu $\mathrm{SL}_2(\mathbb{Z})$ und g eine Modulform vom Gewicht ℓ zu $\mathrm{SL}_2(\mathbb{Z})$. Offensichtlich hat $f \cdot g$ dann Gewicht $k \cdot \ell$.

Definition 3.2 Für $k \in \mathbb{Z}$ bezeichne M_k den $\mathbb{C}$-Vektorraum aller Modulformen vom Gewicht k zu $\mathrm{SL}_2(\mathbb{Z})$ und S_k den $\mathbb{C}$-Vektorraum aller Spitzenformen vom Gewicht k zu $\mathrm{SL}_2(\mathbb{Z})$.

Die Vektorräume M_k und S_k sind endlichdimensional. Um eine Identität zwischen zwei Modulformen zu zeigen, muss man also nur eine endliche Anzahl von Fourierkoeffizienten vergleichen. Im Folgenden bestimmen wir in einigen Fällen die Dimension dieser Vektorräume. Zunächst bemerken wir, dass $M_k = \{0\}$ für $k < 0$ gilt.

Zunächst leiten wir die sogenannte $\frac{k}{12}$-Formel her.

Theorem 3.3 *Sei $k \in \mathbb{Z}$ und $f \in M_k$, $f \not\equiv 0$, eine nicht triviale Modulform vom Gewicht k zu* $\mathrm{SL}_2(\mathbb{Z})$. *Dann gilt:*

$$\frac{1}{2}\operatorname{ord}_i(f) + \frac{1}{3}\operatorname{ord}_\rho(f) + \operatorname{ord}_\infty(f) + \sum_{\substack{z \in \mathscr{F} \\ z \neq \rho, i}} \operatorname{ord}_z(f) = \frac{k}{12}$$

mit $\rho = e^{\frac{\pi i}{3}}$. Hierbei sei

$$\operatorname{ord}_\infty(f) = \min\{n : a(n) \neq 0\}, \ \text{wobei} \ f(z) = \sum_{n=0}^{\infty} a(n)q^n.$$

Beweis Wir geben eine kurze Beweisskizze an.

Man integriert die Funktion $h(z) = \frac{f'(z)}{f(z)}$ entlang des in der Abb. 3.2 dargestellten Weges γ_ε, der den Rand des in Höhe $\Im(z) = T$ abgeschnittenen Fundamentalbereichs gegen den Uhrzeigersinn abläuft, und benutzt den Residuensatz aus der komplexen Analysis. Dabei wählt man ε so, dass γ_ε alle Null- und Polstellen von f außer ρ und i in $\mathscr{F}$ einschließt. Dann gilt

$$\frac{1}{2\pi i} \int_{\gamma_\varepsilon} h(z)dz = \sum_{\substack{z \in \mathscr{F} \\ z \neq \rho, i}} \operatorname{ord}_z f.$$

Die Integrale über die einzelnen Segmente des Weges liefern dann die entsprechenden Beiträge in der Formel (nach dem Grenzübergang $\varepsilon \to 0$).

Mit Hilfe leichter Überlegungen kann man aus der $\frac{k}{12}$-Formel folgende Aussagen folgern.

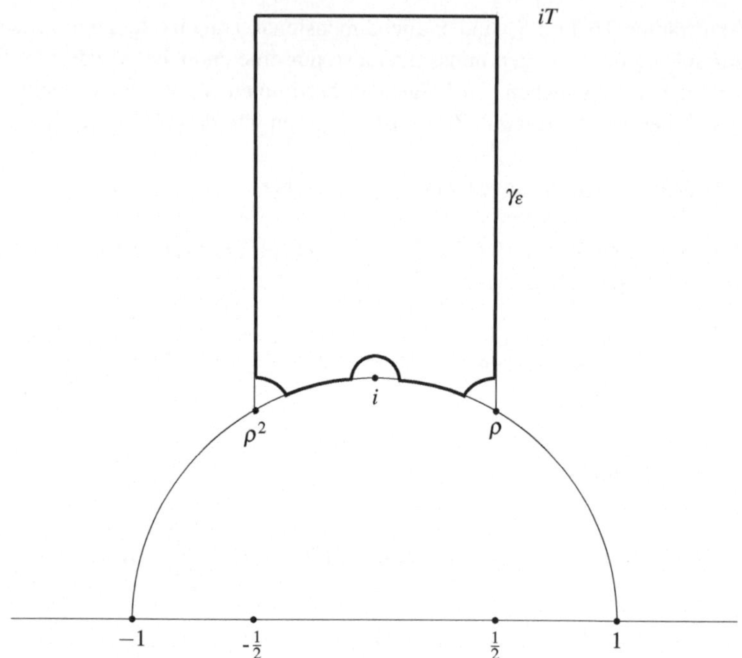

Abb. 3.2 Der Weg γ_ε

Korollar 3.1 *Es gilt:*

1. $M_k = \{0\}$, $k < 0$;
2. $M_0 = \mathbb{C}$, $S_0 = \{0\}$;
3. $M_2 = \{0\}$;
4. $\dim M_k \leq 1$ *und* $S_k = \{0\}$ *für* $k = 4, 6, 8, 10$.

Zum Abschluss dieses Kapitels beschreiben wir das Wachstum der Fourierkoeffizienten von Spitzenformen.

Theorem 3.4 *Ist* $f(z) = \sum_{n=1}^{\infty} a(n)q^n \in S_k$ *eine Spitzenform vom Gewicht k zu* $\mathrm{SL}_2(\mathbb{Z})$, *so gilt*

$$a(n) = O\left(n^{k/2}\right) \quad \textit{für alle } n \in \mathbb{N}.$$

Beweis Wir setzen zunächst

$$\tilde{f}(z) := (\Im(z))^{k/2} \cdot |f(z)|, \; z \in \mathbb{H}$$

und bemerken, dass diese Funktion für $y = \Im(z) \to \infty$ schnell abfällt, also beschränkt ist (hier beachte man die Form des Fundamentalbereichs). Es gilt also

$$|f(z)| \le cy^{-k/2}, \quad z = x + iy \in \mathbb{H},$$

wobei $c > 0$ nur von f abhängt. Für die Fourierkoeffizienten $a(n)$ von f hat man

$$a(n) = e^{2\pi ny} \cdot \int_0^1 f(x + iy)e^{-2\pi inx}dx,$$

für alle $y > 0$. Mit obigen Überlegungen erhält man, dass

$$|a(n)| \le cy^{-k/2}e^{2\pi ny}$$

gilt. Setzt man nun $y = \frac{1}{n}$ erhält man die Behauptung.

Konstruktion von Modulformen und Beispiele

4

4.1 Eisensteinreihen

In diesem Abschnitt führen wir die Eisensteinreihen ein, die man als *Bausteine* für Modulformen sehen kann.

Definition 4.1 Sei $k \in \mathbb{Z}$ mit $k > 2$. Wir definieren die *Eisensteinreihe vom Gewicht k zu* $\mathrm{SL}_2(\mathbb{Z})$ durch

$$G_k(z) = \sum_{\substack{c,d \in \mathbb{Z} \\ (c,d) \neq (0,0)}} \frac{1}{(cz+d)^k}, \ z \in \mathbb{H}.$$

Wir zeigen nun, dass Eisensteinreihen für $k > 2$ Modulformen vom Gewicht k zu $\mathrm{SL}_2(\mathbb{Z})$ sind. (Für ungerade k verschwinden die Eisensteinreihen identisch.) Die Holomorphie auf $\mathbb{H}$ folgt aus der Konvergenz der Eisensteinreihe, die man mit klassischen Methoden aus der Analysis zeigen kann. Weiter rechnen wir nach, dass

$$G_k(Tz) = G_k(z+1) = \sum_{\substack{c,d \in \mathbb{Z} \\ (c,d) \neq (0,0)}} \frac{1}{(cz+c+d)^k} = G_k(z),$$

indem man im letzten Schritt eine Indexverschiebung durchführt.

Weiter gilt, dass

$$G_k(Sz) = G_k\left(-\frac{1}{z}\right) = \sum_{\substack{c,d \in \mathbb{Z} \\ (c,d) \neq (0,0)}} \frac{1}{\left(c\left(-\frac{1}{z}\right)+d\right)^k}$$

$$= z^k \sum_{\substack{c,d \in \mathbb{Z} \\ (c,d) \neq (0,0)}} \frac{1}{(dz-c)^k} = (1 \cdot z + 0)^k G_k(z).$$

© Springer Fachmedien Wiesbaden GmbH, ein Teil von Springer Nature 2020
C. Alfes-Neumann, *Modulformen*, essentials,
https://doi.org/10.1007/978-3-658-30192-7_4

Wir haben also die notwendige Transformationseigenschaft unter den Matrizen S und T und damit ganz $\mathrm{SL}_2(\mathbb{Z})$ gezeigt.

Die Holomorphie in ∞ folgt aus der folgenden Aussage zur Fourierentwicklung der Eisensteinreihen.

Theorem 4.1 *Sei $k > 2$ gerade. Es gilt*

$$G_k(z) = 2\zeta(k) + \frac{2(2\pi i)^k}{(k-1)!} \sum_{n=1}^{\infty} \sigma_{k-1}(n)q^n,$$

wobei $q = e^{2\pi i n z}$, $\sigma_\ell(n) := \sum_{0<d\mid n} d^\ell$ die Teilersummenfunktion und $\zeta(s) = \sum_{n=1}^{\infty} n^{-s}$ die Riemannsche Zetafunktion bezeichnet.

Anmerkung 4.1 Wir betrachten im Folgenden häufig die *normierte Eisensteinreihe* $E_k(z) = \frac{1}{2\zeta(k)} G_k(z)$ mit Fourierentwicklung

$$E_k(z) = 1 - \frac{2k}{B_k} \sum_{n=1}^{\infty} \sigma_{k-1}(n)q^n.$$

Hierbei bezeichnet B_k die k-te Bernoulli-Zahl, die durch $\frac{t}{e^t-1} = \sum_{n=0}^{\infty} \frac{B_n}{n!} t^n$ definiert ist. Es gilt die Eulersche Formel

$$2\zeta(k) = -\frac{(2\pi i)^k}{k!} \cdot B_k,\ k \geq 2 \text{ gerade.}$$

Beispiel 4.1 Wir haben

$$E_4(z) = 1 + 240 \sum_{n=1}^{\infty} \sigma_3(n)q^n = 1 + 240q + 2160q^2 + 6720q^3 + \dots.$$

Eine einfache Folgerung aus Korollar 3.1 ist nun, dass

$$M_k = \mathbb{C}E_k$$

für $k = 4, 6, 8, 10$ gilt.

Beispiel 4.2 Es gilt

$$E_4(z)^2 = E_8(z),$$

denn die Dimension von M_8 ist 1 und sowohl $E_4(z)^2$ als auch $E_8(z)$ haben führenden Koeffizienten 1, stimmen also überein.

Daraus folgt direkt die folgende Beziehung zwischen Teilersummenfunktionen

$$\sum_{m=1}^{n-1} \sigma_3(m)\sigma_3(n-m) = \frac{\sigma_7(n) - \sigma_3(n)}{120}.$$

4.2 Die Diskriminante

Wir kommen nun zur Definition der *Diskriminante*, einer Spitzenform vom Gewicht 12.

Definition 4.2 Die *Diskriminante* oder *Δ-Funktion* ist definiert durch

$$\Delta(z) := \frac{E_4^3(z) - E_6^2(z)}{1728} = q - 24q^2 + 252q^3 + \dots .$$

Auf Grund der Definition und wegen $\Delta(z) = q + \dots$ sieht man sofort ein, dass $\Delta \in S_{12}$ gilt.

Anmerkung 4.2 Man bezeichnet die Fourierkoeffizienten der Diskriminante auch mit $\tau(n)$.

Zu den Eigenschaften der $\tau(n)$ gibt es weitreichende Vermutungen von Ramanujan. Er bemerkte, dass $\tau(pq) = \tau(p)\tau(q)$ für Primzahlen p und q mit $p \neq q$ gilt. Diese Eigenschaft wurde von Mordell bewiesen und von Hecke stark verallgemeinert (er entwickelte die *Hecke-Theorie* für Modulformen, man vergleiche Abschn. 5.1).

Ramanujan vermutete ebenfalls, dass $|\tau(p)| \leq 2p^{11/2}$ für alle Primzahlen p gilt. Diese Aussage wurde erst 1974 von Deligne bewiesen. Es ist eine Folgerung aus den von ihm bewiesenen Weil-Vermutungen.

Eine weitere Vermutung über die Fourierkoeffizienten $\tau(n)$ ist, dass $\tau(n) \neq 0$ für alle $n \in \mathbb{N}$ gilt. Diese Vermutung stammt von Lehmer und ist bis heute offen.

Anmerkung 4.3 Die Diskriminante besitzt die Produktentwicklung

$$\Delta(z) = q \prod_{n=1}^{\infty} (1 - q^n)^{24}.$$

Die Abbildung

$$M_k \to S_{k+12}, \quad f \mapsto f \cdot \Delta$$

ist offensichtlich $\mathbb{C}$-linear und ihr Inverses ist gegeben durch $S_{k+12} \to M_k$, $g \mapsto \frac{g}{\Delta}$. Es handelt sich also um einen $\mathbb{C}$-Vektorraumisomorphismus.

Beachtet man $S_k = \Delta \cdot M_{k-12}$ und die $\frac{k}{12}$-Formel, so folgen mittels einer Induktion die folgenden Dimensionsformeln für gerade k:

$$\dim M_k = \begin{cases} \lfloor \frac{k}{12} \rfloor + 1, & k \not\equiv 2 \pmod{12}, \\ \lfloor \frac{k}{12} \rfloor, & k \equiv 2 \pmod{12}. \end{cases}$$

Wir sind nun in der Lage, eine explizite Basis für den Raum der Modulformen festen Gewichts anzugeben.

Theorem 4.2 *Sei $k \in \mathbb{Z}$ und seien $a, b \in \mathbb{N}_0$ mit $4a + 6b = k$. Die Modulformen $E_4^a \cdot E_6^b$ bilden eine Basis des Raums M_k der Modulformen vom Gewicht k zu $\mathrm{SL}_2(\mathbb{Z})$.*

Beweis Die Fälle $k \leq 20$ und $k = 14$ haben wir bereits behandelt. Mittels einer Induktion nach dem Gewicht k zeigen wir nun die Behauptung.

Wir wählen $a, b \in \mathbb{N}_0$ mit $4a + 6b = k$. Da der konstante Term von $g := E_4^a E_6^b$ gleich 1 ist, handelt es sich bei g nicht um eine Spitzenform. Sei nun $f \in M_k$ beliebig. Wegen $g(\infty) = 1 \neq 0$ gibt es ein $\alpha \in \mathbb{C}$ mit $f - \alpha g \in S_k$. Weil $f \mapsto \Delta f$ ein Isomorphismus ist, gibt es ein $h \in M_{k-12}$ mit $h\Delta = f - \alpha g$. Nach Induktionsvoraussetzung ist h ist ein Polynom in E_4 und E_6 mit den entsprechenden Potenzen. Dies gilt nach Definition auch für Δ, also auch für f.

Nun zeigt man noch mittels elementarer Überlegungen, dass es keine nichttrivialen Relationen zwischen den $E_4^a E_6^b$ geben kann.

Zum Ende dieses Abschnitts betrachten wir die sogenannten Ramanujan Kongruenzen.

Beispiel 4.3 Für die Koeffizienten $\tau(n)$ der Diskriminante Δ gilt

$$\tau(n) \equiv \sigma_{11}(n) \pmod{691} \quad \text{für alle } n \in \mathbb{N}.$$

Es gilt

$$\Delta(z) = \frac{691}{762048} \left(E_{12}(z) - E_6^2(z) \right)$$

mit

$$E_{12}(z) = 1 + \frac{1008 \cdot 65}{691} \sum_{n=1}^{\infty} \sigma_{11}(n)q^n, \quad E_6(z) = 1 - 504 \sum_{n=1}^{\infty} \sigma_5(n)^n.$$

Wir setzen $A := \sum_{n=1}^{\infty} \sigma_{11}(n)q^n$ und $B := \sum_{n=1}^{\infty} \sigma_5(n)q^n$. Damit gilt

$$756\Delta(z) = 756 \cdot \frac{691}{762048} \left(1 + \frac{1008 \cdot 65}{691} \cdot A - 1 + 2 \cdot 504 \cdot B - 504^2 \cdot B^2 \right)$$
$$= 65 \cdot A + 691 \cdot \left(B - 252 \cdot B^2 \right).$$

Wegen $B - 252 \cdot B^2 \in \mathbb{Z}$ ergibt sich bei Betrachtung dieser Gleichung modulo 691 mittels eines Koeffizientenvergleichs die Behauptung.

4.3 Die j-Invariante

In diesem Abschnitt betrachten wir sogenannte Modulfunktionen, Modulformen vom Gewicht 0. Da es keine holomorphen Funktionen auf kompakten Riemannschen Flächen (wie $\mathrm{SL}_2(\mathbb{Z}) \setminus \mathbb{H} \cup \{\infty\}$) gibt, müssen wir Pole endlicher Ordnung in ∞ zulassen.

Definition 4.3 Wir definieren die *absolute Invariante* oder *j-Invariante* durch

$$j(z) = \frac{E_4^3(z)}{\Delta(z)} = q^{-1} + 744 + 196884q + \dots, \quad z \in \mathbb{H}.$$

Anmerkung 4.4 1. Aus der $\frac{k}{12}$-Formel ergibt sich $\Delta(z) \neq 0$ für $z \in \mathbb{H}$, d.h. j ist holomorph auf $\mathbb{H}$.

2. Die j-Invariante hat Gewicht 0, also $j(Mz) = j(z)$ für alle $M \in \mathrm{SL}_2(\mathbb{Z})$.

3. Die j-Invariante besitzt eine Fourierentwicklung der Form

$$j(z) = q^{-1} + \sum_{m=0}^{\infty} j_m q^m,$$

d.h. j hat einen Pol der Ordnung 1 in ∞.

Theorem 4.3 *Die Funktion* $j : \mathbb{H} \to \mathbb{C}$ *ist holomorph und nimmt in* $\widetilde{\mathscr{F}}$ *jeden Wert aus* $\mathbb{C}$ *an.*

Die j-Funktion dient als *Prototyp* für die folgende Definition.

Definition 4.4 Sei $k \in \mathbb{Z}$. Eine Funktion $f : \mathbb{H} \to \mathbb{C}$ heißt *schwach holomorphe Modulform vom Gewicht* k *zu* $\mathrm{SL}_2(\mathbb{Z})$, wenn die folgenden Bedingungen erfüllt sind:

1. f ist holomorph auf $\mathbb{H}$;
2. Es gilt

$$f(Mz) = (cz + d)^k f(z) \text{ für alle } M = \begin{pmatrix} a & b \\ c & d \end{pmatrix} \in \mathrm{SL}_2(\mathbb{Z}),\ z \in \mathbb{H};$$

3. Die Fourierentwicklung von f in ∞ ist von der Form

$$f(z) = \sum_{n=m}^{\infty} a(n)q^n$$

   mit $m \in \mathbb{Z}$. D. h. f hat einen Pol endlicher Ordnung in ∞.

Den Raum der schwach holomorphen Modulformen vom Gewicht k zu $\mathrm{SL}_2(\mathbb{Z})$ bezeichnen wir mit $M_k^!$.

Der Raum der Modulfunktionen, den schwach holomorphen Modulformen vom Gewicht 0, ist durch komplexe Polynome in der j-Invarianten gegeben.

Theorem 4.4 *Es gilt* $M_0^! = \mathbb{C}[j]$.

Einen Beweis dieser Aussage findet man beispielsweise in [KK07].

4.4   Thetareihen

Wir betrachten die Darstellungsanzahlen einer natürlichen Zahl $n \in \mathbb{N}$ als Summe von vier Quadraten, also

$$r_4(n) = \{(a, b, c, d) \in \mathbb{Z}^4 \mid a^2 + b^2 + c^2 + d^2 = n\}.$$

Allgemeiner kann man auch $r_k(n)$ mit $k \in \mathbb{N}$ betrachten.

Wie in der Einleitung beschrieben, versucht man nun mittels der Betrachtung der Erzeugendenreihe weitere Informationen über $r_4(n)$ zu erhalten. Es stellt sich heraus, dass

$$\sum_{n=0}^{\infty} r_4(n) q^n = 1 + 2 \sum_{n=1}^{\infty} q^{n^2} = \vartheta(z)^4$$

gilt, wobei $\vartheta(z) = \sum_{n \in \mathbb{Z}} q^{n^2}$ die klassische *Jacobi-Thetareihe* ist.

Offensichtlich gilt

$$\vartheta(z) = \vartheta(z+1).$$

Das Transformationsverhalten unter der Inversionsmatrix ist nun etwas komplizierter. Wir werden sehen, dass $\vartheta(z)$ eine Modulform zu einer sogenannten Kongruenzuntergruppe von $\mathrm{SL}_2(\mathbb{Z})$ ist.

Theorem 4.5 *Für alle $z \in \mathbb{H}$ gilt*

$$\vartheta\left(-\frac{1}{4z}\right) = \sqrt{-2iz}\,\vartheta(z).$$

Beweis Wir wenden die Poissonsche Summenformel

$$\sum_{n \in \mathbb{Z}} f(x+n) = \sum_{m \in \mathbb{Z}} \hat{f}(m) e^{2\pi i m x}$$

auf die Funktion $f(x) = e^{-\pi t x^2}$, $t \in \mathbb{R}_{>0}$, an. Für die Fouriertransformierte $\hat{f}(y)$ von $f(x)$ gilt

$$\hat{f}(y) = \int_{\mathbb{R}} f(x) e^{2\pi i x y} dx = \frac{e^{-\pi y^2 / t}}{\sqrt{t}} \int_{\mathbb{R}} e^{-\pi u^2} du = \frac{e^{-\pi y^2 / t}}{\sqrt{t}},$$

wenn man im zweiten Schritt die Substitution $u = \sqrt{t}\left(x - \frac{iy}{t}\right)$ durchführt.

Nach der Poissonschen Summenformel gilt somit

$$\sum_{n \in \mathbb{Z}} e^{-\pi n t^2} = \frac{1}{\sqrt{t}} \sum_{n \in \mathbb{Z}} e^{-\pi n^2 / t}.$$

Dies zeigt die Gleichung für $z = \frac{it}{2}$. Durch analytische Fortsetzung folgt die Behauptung.

Dieses Transformationsverhalten legt nahe, dass es sinnvoll ist, Modulformen zu Untergruppen von $SL_2(\mathbb{Z})$ zu definieren.

Typischerweise betrachtet man sogenannte Kongruenzuntergruppen. In diesem Buch beschränken wir uns dabei auf Gruppen der Form

$$\Gamma_0(N) = \left\{ \begin{pmatrix} a & b \\ c & d \end{pmatrix} \in SL_2(\mathbb{Z}) \mid c \equiv 0 \quad (\mathrm{mod}\ N) \right\}.$$

Zum Beispiel gilt

$$\Gamma_0(4) = \left\langle \begin{pmatrix} 1 & 1 \\ 0 & 1 \end{pmatrix}, \begin{pmatrix} -1 & 0 \\ 0 & -1 \end{pmatrix}, \begin{pmatrix} 1 & 0 \\ 4 & 1 \end{pmatrix} \right\rangle.$$

Wir halten zunächst fest, dass $SL_2(\mathbb{Z})$ auf der projektiven Gerade $P^1(\mathbb{Q}) = \mathbb{Q} \cup \{\infty\}$ über $\mathbb{Q}$ ebenfalls durch gebrochen lineare Transformationen operiert. Zu $x \in P^1(\mathbb{Q})$ betrachtet man

$$\begin{pmatrix} a & b \\ c & d \end{pmatrix} x := \frac{ax + b}{cx + d}.$$

Dabei setzt man

$$\begin{pmatrix} a & b \\ c & d \end{pmatrix} \infty = \begin{cases} \frac{a}{c} & c \neq 0, \\ \infty & c = 0, \end{cases} \quad \text{sowie} \quad \begin{pmatrix} a & b \\ c & d \end{pmatrix} x = \infty, \text{ falls } cx + d = 0.$$

Definition 4.5 Die Menge der $\Gamma_0(N)$-Bahnen von $P^1(\mathbb{Q})$ heißt die *Menge der Spitzen von $\Gamma_0(N)$*. Wir schreiben dafür $C(\Gamma_0(N))$ und $[x]$ für die Bahn von $x \in P^1(\mathbb{Q})$ unter der Operation von $\Gamma_0(N)$.

Beispiel 4.4 1. Es gilt $C(SL_2(\mathbb{Z})) = \{[\infty]\}$. Sei $\frac{a}{c} \in \mathbb{Q}$ mit $\mathrm{ggT}(a, c) = 1$. Nach dem Lemma von Bézout gibt es $b, d \in \mathbb{Z}$ mit $ad - bc = 1$. Damit gilt

$$\begin{pmatrix} a & b \\ c & d \end{pmatrix} \in SL_2(\mathbb{Z}) \text{ und } \begin{pmatrix} a & b \\ c & d \end{pmatrix} \infty = \frac{a}{c}.$$

2. Es gilt $C(\Gamma_0(4)) = \{[\infty], [0], [1/2]\}$. (Einen Beweis dieser Aussage findet man in [BvdGHZ08].)

Man verallgemeinert nun Definition 3.1 wie folgt.

Definition 4.6 Sei $k \in \mathbb{Z}$. Eine Funktion $f : \mathbb{H} \to \mathbb{C}$ heißt *Modulform vom Gewicht k zu $\Gamma_0(N)$*, wenn die folgenden Bedingungen erfüllt sind:

1. f ist holomorph auf $\mathbb{H}$;
2. Es gilt

$$f(Mz) = (cz + d)^k f(z) \text{ für alle } z \in \mathbb{H} \text{ und } M = \begin{pmatrix} a & b \\ c & d \end{pmatrix} \in \Gamma_0(N);$$

3. f ist holomorph in allen Spitzen $C(\Gamma_0(N))$. Dies bedeutet, dass für $M_0 = \begin{pmatrix} a & b \\ c & d \end{pmatrix} \in \mathrm{SL}_2(\mathbb{Z})$ mit $M_0 \infty = x$ gilt, dass $(cz + d)^{-k} f(M_0 z)$ holomorph in ∞ ist.

Falls f in allen Spitzen verschwindet, nennt man f eine *Spitzenform vom Gewicht k zu $\Gamma_0(N)$*.

Man kann zeigen, dass diese Definition unabhängig von der Wahl von $x \in P^1(\mathbb{Q})$ und $M_0 \in \mathrm{SL}_2(\mathbb{Z})$ ist. Mit $M_k(\Gamma_0(N))$ $(S_k(\Gamma_0(N)))$ bezeichnen wir den Vektorraum der Modulformen (Spitzenformen) vom Gewicht k zu $\Gamma_0(N)$.

Nun geben wir ein Beispiel für eine Modulform vom Gewicht $2k$ zu $\Gamma_0(4)$ an.

Theorem 4.6 *Sei $k \in \mathbb{N}$. Die Funktion $\vartheta^{4k}(z)$ ist eine Modulform vom Gewicht $2k$ zu $\Gamma_0(4)$.*

Beweis Die Holomorphie von $\vartheta^{4k}(z)$ auf der oberen Halbebene ist klar. Wir müssen weiter zeigen, dass $\vartheta^{4k}(z)$ das richtige Transformationsverhalten unter den Matrizen T, $-E$ und $\begin{pmatrix} 1 & 0 \\ 4 & 1 \end{pmatrix}$ besitzt und an den Spitzen von $\Gamma_0(4)$ holomorph ist.

Das Transformationsverhalten unter T und $-E$ ist leicht zu bestimmen. Weiterhin gilt

$$\vartheta^{4k}\left(\frac{z}{4z+1}\right) = \vartheta^{4k}\left(\frac{1}{4+\frac{1}{z}}\right) = \vartheta^{4k}\left(\frac{1}{-4\left(-1-\frac{1}{4z}\right)}\right).$$

Nun verwenden wir Satz 4.5 und erhalten

$$\vartheta^{4k}\left(\frac{1}{-4\left(-1-\frac{1}{4z}\right)}\right) = \left(-2i\left(-1-\frac{1}{4z}\right)\right)^{2k} \vartheta^{4k}\left(-1-\frac{1}{4z}\right)$$

$$= (-4)^k \left(\frac{4z+1}{4z}\right)^{2k} \vartheta^{4k}\left(-1-\frac{1}{4z}\right) = (-4)^k \left(\frac{4z+1}{4z}\right)^{2k} \vartheta^{4k}\left(-\frac{1}{4z}\right),$$

wegen der 1-Periodizität von ϑ. Eine weitere Anwendung von Satz 4.5 ergibt

$$(-4)^k \left(\frac{4z+1}{z} \right)^{2k} (-2iz)^{2k} \vartheta^{4k}(z) = (4z+1)^{2k} \vartheta(z).$$

Nun müssen wir noch die Holomorphie in den Spitzen zeigen. In der Spitze $[\infty]$ ist dies klar. Exemplarisch zeigen wir noch die Holomorphie in $[0]$, die in $[1/2]$ rechnet man mit ähnlichen Methoden nach. Es gilt $S\infty = 0$ und

$$z^{-2k} \vartheta^{4k} \left(-\frac{1}{z} \right) = z^{-2k} \left(\frac{z}{i} \right)^{2k} \vartheta^{4k}(z) = (-1)^k \vartheta^{4k}(z)$$

nach einer leichten Verallgemeinerung von Satz 4.5. Somit folgt die Holomorphie in $[0]$ aus der Holomorphie in $[\infty]$.

Wir zeigen nun, dass ϑ^4 mit einer bestimmten Linearkombination von Eisenstein-reihen übereinstimmt. Dazu definieren wir die Eisensteinreihe vom Gewicht 2 durch

$$E_2(z) = 1 - 24 \sum_{n=1}^{\infty} \sigma_1(n) q^n.$$

Eine lange Rechnung zeigt (siehe zum Beispiel [KK07]), dass

$$E_2 \left(-\frac{1}{z} \right) = z^2 E_2(z) - 2\pi i c z$$

gilt. Die Funktion $E_2(z)$ transformiert also nicht wie eine Modulform vom Gewicht 2. Mit Hilfe eines Tricks von Hecke kann man allerdings zeigen, dass die Funktion

$$E_2^*(z) := E_2(z) - \frac{3}{\pi \Im(z)}$$

wie eine Modulform vom Gewicht 2 zu $\mathrm{SL}_2(\mathbb{Z})$ transformiert. Insbesondere transformieren $E_2^*(2z)$, $E_2^*(4z)$ wie Modulformen vom Gewicht 2 zu $\Gamma_0(4)$. Die Linear-kombinationen

$$E_2^*(z) - 2E_2^*(2z) = E_2(z) - E_2(2z), \; E_2^*(2z) - 2E_2^*(4z) = E_2(2z) - 2E_2(4z)$$

sind holomorph. Da sie zudem linear unabhängig sind, bilden sie eine Basis von $M_2(\Gamma_0(4))$, da die Dimension von $M_2(\Gamma_0(4))$ gleich 2 ist.

Wir sind nun in der Lage, eine Formel für $r_4(n)$ anzugeben.

Theorem 4.7 *Es gilt*

$$\vartheta^4(z) = 8(E_2(z) - 2E_2(2z)) + 16(E_2(2z) - 2E_2(4z)),\ z \in \mathbb{H},$$

und

$$r_4(n) = 8 \sum_{d \mid n, 4 \nmid d} d.$$

Beweis Wir zeigen zunächst die erste Behauptung. Da dim $M_2(\Gamma_0(4)) = 2$ ist, reicht es zu zeigen, dass die ersten beiden Fourierkoeffizienten auf der linken und rechten Seite übereinstimmen. Es gilt

$$\vartheta^4(z) = \left(1 + \sum_{n=1}^{\infty} q^{n^2}\right)^4 = \sum_{n=0}^{\infty} a_{\vartheta^4}(n)q^n,$$

und damit $a_{\vartheta^4}(0) = 1$ und $a_{\vartheta^4}(1) = 8$.

Auf der rechten Seite gilt für den ersten Fourierkoeffizienten

$$8(-1/24 - 2(-1/24)) + 16(-1/24 - 2(-1/24)) = 1$$

und für den zweiten $8 \cdot \sigma_1(1) = 8$, womit die Behauptung folgt.

Für den zweiten Teil der Behauptung vergleicht man die Koeffizienten von q^n. Es gilt

$$8E_2(z) - 16E_2(2z) + 16E_2(2z) - 32E_2(4z)$$

$$= 1 + 8\sum_{n=1}^{\infty} \sigma_1(n)q^n - 32\sum_{n=1}^{\infty} \sigma_1(n)q^{4n}.$$

Gilt nun $4 \nmid n$, so folgt, dass $r_4(n) = 8 \sum_{d \mid n,\ 4 \nmid d} d$. Gilt $4 \mid n$, so erhalten wir

$$r_4(n) = 8\sigma_1(n) - 32\sigma_1\left(\frac{n}{4}\right) = 8 \sum_{d \mid n, 4 \nmid d} d.$$

Weitere Aspekte der Theorie

5

5.1   Hecke-Theorie

Hecke begann Ende der 30er Jahre damit, gewisse lineare Operatoren auf dem Raum der Modulformen systematisch zu untersuchen. Mittels dieser *Hecke-Operatoren* kann man auch die von Ramanujan gefundenen Eigenschaften der Koeffizienten $\tau(n)$ der Δ-Funktion erklären:

- $\tau(n)$ ist multiplikativ, dass heißt für $m, n \in \mathbb{N}$ mit $\mathrm{ggT}(m, n) = 1$ gilt $\tau(mn) = \tau(m)\tau(n)$.
- Für $r \geq 1$ und p prim gilt: $\tau(p^{r+1}) = \tau(p)\tau(p^r) - p^{11}\tau(p^{r-1})$.

Definition 5.1 Seien $n \in \mathbb{N}, k \in \mathbb{Z}$ und $f \in M_k$. Wir definieren den *Hecke-Operator* $T_n^{(k)}$ durch

$$T_n^{(k)} f := n^{k-1} \sum_{\substack{ad=n \\ d>0}} d^{-k} \sum_{b=0}^{d-1} f\left(\frac{az+b}{d}\right).$$

Anmerkung 5.1

1. Man kann Hecke-Operatoren auch für Funktionen definieren, die nicht wie Modulformen transformieren.
2. Die Fourierkoeffizienten von $T_n^{(k)} f$, $f = \sum_{j=m_0}^{\infty} a(j)q^j \in M_k$ sind gegeben durch

$$a_{T_n^{(k)} f}(m) = \sum_{d | \mathrm{ggT}(m,n)} d^{k-1} a_f\left(\frac{mn}{d^2}\right),$$

© Springer Fachmedien Wiesbaden GmbH, ein Teil von Springer Nature 2020
C. Alfes-Neumann, *Modulformen*, essentials,
https://doi.org/10.1007/978-3-658-30192-7_5

mit

$$m \geq \begin{cases} 0, & \text{falls } m_0 = 0, \\ 1, & \text{falls } m_0 > 0, \\ nm_0, & \text{falls } m_0 < 0. \end{cases}$$

3. Sei $\Gamma_n := \left\{ M \in \mathbb{Z}^{2 \times 2} \mid \det(M) = n \right\}$ mit $n \in \mathbb{N}$. Man nennt $\Gamma \setminus \Gamma_n$ *Rechtsvertretersystem von Γ_n mod Γ*, wenn gilt

- Für alle $M \in \Gamma_n$ gibt es ein $L \in \Gamma$ mit $LM \in \Gamma \setminus \Gamma_n$;
- Sind $M_1, M_2 \in \Gamma \setminus \Gamma_n$ mit $M_1 = LM_2$ für ein $L \in \Gamma$, dann gilt $L = E_2$.

Nun kann man schreiben: $T_n^{(k)} f = n^{k-1} \sum\limits_{M \in \Gamma \setminus \Gamma_n} f|_k M$.

Man sieht so schnell ein, dass $T_n^{(k)} \in M_k$.

Theorem 5.1 *Alle Hecke-Operatoren $T_n^{(k)} : M_k \to M_k$, $n \in \mathbb{N}$, sind Endomorphismen, die Spitzenformen in Spitzenformen abbilden.*

Definition 5.2 Ein $0 \neq f \in M_k$ heißt *Eigenform bezüglich $T_n^{(k)}$, $n \in \mathbb{N}$, zum Eigenwert $\lambda_f(n) \in \mathbb{C}$*, wenn

$$T_n^{(k)} f = \lambda_f(n) f.$$

Ist f eine Eigenform bezüglich aller Hecke-Operatoren $T_n^{(k)}$, $n \in \mathbb{N}$, so heißt f eine *simultane Eigenform*.

Lemma 5.1 *Für eine nicht konstante Modulform $0 \not\equiv f \in M_k$ sind äquivalent:*

1. *f ist eine simultane Eigenform.*
2. *$a_f(1) \neq 0$ und für alle $m \in \mathbb{N}_0, n \in \mathbb{N}$ gilt*

$$a_f(m) a_f(n) = a_f(1) \sum_{d \mid \mathrm{ggT}(m,n)} d^{k-1} a_f\left(\frac{mn}{d^2}\right).$$

In diesem Fall sind die Eigenwerte $\lambda_f(n) = \frac{a_f(n)}{a_f(1)}$, $n \in \mathbb{N}$, und es gilt:

$$a_f(m) a_f(n) = a_f(1) a_f(mn) \quad \text{für alle teilerfremden } m, n \in \mathbb{N}.$$

Wegen $\dim S_{12} = 1$ folgt direkt die folgende Aussage.

Theorem 5.2 *Die Diskriminante Δ ist eine simultane Eigenform und es gilt*

$$T_n^{(12)} \Delta = \tau(n)\Delta \;\; \text{für alle } n \in \mathbb{N}.$$

Für alle $m, n \in \mathbb{N}$ gilt

$$\tau(m)\tau(n) = \sum_{d \mid \mathrm{ggT}(n,m)} d^{11}\tau\left(\frac{mn}{d^2}\right).$$

Speziell gilt für teilerfremde $m, n \in \mathbb{N}$ dann $\tau(mn) = \tau(m)\tau(n)$ und für Primzahlen p gilt $\tau(p^{r+1}) = \tau(p^r)\tau(p) - p^{11}\tau(p^{r-1})$.

Wir definieren nun ein Skalarprodukt auf dem Raum der Modul- bzw. Spitzenformen.

Definition 5.3 Das *Petersson-Skalarprodukt* von $f, g \in M_k$, wobei f oder $g \in S_k$, ist definiert durch

$$\langle f, g \rangle := \int_{\mathscr{F}} f(z)\overline{g(z)}(\Im(z))^k \, d\mu(z)$$

mit $z = x + iy$ und $d\mu(z) = \frac{dx\,dy}{y^2}$.

Das Petersson-Skalarprodukt ist $\mathbb{C}$-linear in der ersten und konjugiert-linear in der zweiten Komponente. Zudem ist es nicht-ausgeartet. Weiterhin sind Spitzenformen bezüglich des Petersson-Skalarprodukts orthogonal zu Eisensteinreihen.

Man kann weiter zeigen, dass die Hecke-Operatoren selbstadjungiert bezüglich des Petersson-Skalarprodukts sind, also

$$\langle T_n f, g \rangle = \langle f, T_n g \rangle, \;\; \text{für } f \in M_k, \; g \in S_k, \; n \in \mathbb{N},$$

gilt. Standardsätze aus der linearen Algebra liefern dann die Existenz einer Basis von S_k aus simultanen Eigenformen.

In der Hecke-Theorie spielen sogenannte *Neuformen* eine besondere Rolle. Zu $d \in \mathbb{N}$, definiert man den V-Operator $V(d)$ durch

$$\sum_{n \geq n_0} c(n)q^n \mid V(d) := \sum_{n \geq n_0} c(n)q^{nd}.$$

Für $f \in S_k(\Gamma_0(N))$ gilt dann $f(dz) = f(z)|V(d) \in S_k(\Gamma_0(dN))$. Natürlich gilt aber auch $f(z) \in S_k(\Gamma_0(dN))$, d. h. f ist auf zwei Wegen in $S_k(\Gamma_0(dN))$ enthalten. Man möchte nun zwischen solchen *alten* Formen und Formen, deren minimale Stufe dN ist, unterscheiden. Dazu betrachtet man zunächst den *Raum der Altformen vom Gewicht k zu* $\Gamma_0(N)$

$$S_k^{old}(\Gamma_0(N)) = \bigoplus_{\substack{dM|N \\ M \neq N}} S_k(\Gamma_0(M)) \mid V(d).$$

Definition 5.4 Der *Raum der Neuformen* $S_k^{new}(\Gamma_0(N))$ ist das orthogonale Komplement von $S_k^{old}(\Gamma_0(N))$ in $S_k(\Gamma_0(N))$ bezüglich des Petersson-Skalarprodukts. Eine *Neuform* in $S_k^{new}(\Gamma_0(N))$ ist eine normalisierte (d. h. der führende Koeffizient ist 1) Spitzenform, welche Eigenform aller Hecke-Operatoren, aller Atkin-Lehner-Involutionen $W(Q_p)$ mit $p \mid N$, p prim und der Fricke Involution $W(N)$ ist, wobei Q_p ein exakter Divisor von N ist und

$$W(Q_p) = \begin{pmatrix} Q_p\alpha & \beta \\ N\gamma & Q_p\delta \end{pmatrix} \in \mathbb{Z}^2, \quad W(N) = \begin{pmatrix} 0 & -1 \\ N & 0 \end{pmatrix},$$

und $\det(W_{Q_p}) = Q_p, \alpha, \beta, \gamma, \delta \in \mathbb{Z}$.

Wir halten noch die wichtigsten Eigenschaften fest.

Theorem 5.3 *Sei* $k \in \mathbb{N}$. *Dann gilt:*

1. $S_k^{new}(\Gamma_0(N))$ *besitzt eine Basis aus Neuformen.*
2. *Sei* $f(z) = \sum\limits_{n=1}^{\infty} a(n)q^n$ *eine Neuform. Dann gibt es einen Zahlkörper K, sodass* $a(n) \in \mathcal{O}_K$ *für alle* $n \in \mathbb{N}$.
3. *Seien* $f(z) \neq g(z)$ *zwei Neuformen. Dann gibt es unendlich viele Primzahlen* p *mit* $a_f(p) \neq a_g(p)$. *Verschiedene Neuformen bestimmen also verschiedene Hecke-Eigenräume. Dieses Phänomen heißt Multiplizität* 1.

5.2   *L*-Funktionen von Modulformen

Wir erinnern zunächst an wichtige Resultate über die Riemannsche Zetafunktion

$$\zeta(s) := \sum_{n=1}^{\infty} n^{-s}, \; s \in \mathbb{C}, \; \Re(s) > 1.$$

Diese Reihe konvergiert normal (lokal gleichmäßig und absolut) und die durch sie definierte Funktion ist holomorph. Die Funktion $\zeta(s) - \frac{1}{s-1}$ hat eine holomorphe Fortsetzung auf $\mathbb{C}$.

Leicht kann man zeigen, dass

$$\zeta(s) = \prod_{p \text{ prim}} \frac{1}{1 - p^{-s}}, \; \Re(s) > 1,$$

und über diese Produktdarstellung erhält man einen weiteren Beweis für die Tatsache, dass es unendlich viele Primzahlen gibt. Gäbe es nämlich nur endlich viele Primzahlen, so wäre das obige Produkt endlich und damit wäre $\zeta(1)$ rational und insbesondere endlich. Wir haben aber eben festgehalten, dass $\zeta(s)$ einen Pol an der Stelle $s = 1$ besitzt.

Riemann erkannte, dass die Verbindung zwischen der Arithmetik der Primzahlen und den analytische Eigenschaften der Riemannschen Zetafunktion noch viel tiefer ist und dass $\zeta(s)$ den Schlüssel zum Studium der Verteilung der Primzahlen liefern soll. Man vergleiche mit den entsprechenden Versionen der Riemannschen Vermutung.

Theorem 5.4 (Riemann) *Die Riemannsche ζ-Funktion besitzt eine meromorphe Fortsetzung auf $\mathbb{C}$. Die vervollständigte Riemannsche Zetafunktion $\zeta^*(s) := \pi^{-\frac{s}{2}} \Gamma\left(\frac{s}{2}\right) \zeta(s)$ erfüllt die Funktionalgleichung*

$$\zeta^*(s) = \zeta^*(1 - s).$$

Hierbei ist $\Gamma(s) = \int_0^{\infty} e^{-t} t^{s-1} \, dt$ für $\Re(s) > 0$ die Gamma-Funktion.

Analog zur Riemannschen Zetafunktion betrachtet man nun *L*-Funktionen von Spitzenformen.

Definition 5.5 Sei $f(z) = \sum\limits_{n=1}^{\infty} a(n)q^n$, $q = e^{2\pi i z}$, eine Spitzenform vom Gewicht $k > 0$ zu $\mathrm{SL}_2(\mathbb{Z})$. Man nennt

$$L(f,s) := \sum_{n=1}^{\infty} a(n)n^{-s} \, , \ s \in \mathbb{C},$$

die *L-Funktion* (oder *L-Reihe*) zu f.

Man kann zeigen, dass $L(f,s)$ für $s \in \mathbb{C}$ mit $\Re(s) > \frac{k}{2} + 1$ normal (lokal gleichmäßig und absolut) konvergiert. Dies folgt direkt aus der Abschätzung für die Fourierkoeffizienten, die wir in Satz 3.4 hergeleitet haben.

Theorem 5.5 *Sei $f \in S_k$. Dann hat die zugehörige L-Funktion eine holomorphe Fortsetzung auf ganz $\mathbb{C}$. Die Funktion*

$$\Lambda(f,s) := (2\pi)^{-s}\, \Gamma(s) L(f,s)$$

ist ebenfalls ganz und erfüllt die Funktionalgleichung

$$\Lambda(f,s) = (-1)^{\frac{k}{2}} \Lambda(f, k - s).$$

Die Funktion $\Lambda(f,s)$ ist auf jedem Vertikalstreifen beschränkt, d. h. für jedes $T > 0$ existiert ein $C_T > 0$, sodass $|\Lambda(f,s)| \leq C_T$ für alle $s \in \mathbb{C}$ mit $\mathrm{R}(s) \leq T$ gilt.

Ähnlich zur Riemannschen Zetafunktion, besitzen auch die *L*-Funktionen von Spitzenformen eine Darstellung als *Euler-Produkt*.

Theorem 5.6 *Sei $f \in S_k, k > 14, a_f(1) = 1$. Dann sind äquivalent:*

1. f ist simultane Eigenform bezüglich aller Hecke-Operatoren.
2. $L(f,s)$ hat eine Produktdarstellung der Form

$$L(f,s) = \prod_{p \ prim} \frac{1}{1 - a_f(p)p^{-s} + p^{k-1-2s}}$$

für $\Re(s) > 1 + \frac{k}{2}$.

Der *Modularitätssatz,* den Wiles et al. [Wil95, BCDT01] im Zuge des Beweises von Fermats letztem Satz bewiesen haben, stellt nun eine weitreichende Verbindung zwischen den *L*-Funktionen von Neuformen und denen von elliptischen Kurven auf.

Sei E eine elliptische Kurve über $\mathbb{Q}$ gegeben durch die Lösungen $(x, y) \in \mathbb{Q}^2$ der Gleichung $y^2 = x^3 + ax + b$, mit $a, b \in \mathbb{Q}$, sodass $-4a^3 - 27b^2 \neq 0$, zusammen mit einem Punkt O im Unendlichen.

Zu E (mit Führer N_E) definiert man nun eine L-Funktion wie folgt. Wir setzen

$$L(E, s) = \prod_{p \text{ prim}} L_p(E, s),$$

wobei

$$L_p(E, s) = \begin{cases} (1 - a(p)p^{-s} + p^{1-2s})^{-1}, & \text{falls } p \nmid N_E, \\ (1 - a(p)p^{-s})^{-1}, & \text{falls } p \mid N_E, \ p^2 \nmid N_E, \\ 1, & \text{falls } p^2 \mid N_E. \end{cases}$$

Hierbei definiert man $a(p) = p + 1 - (\#\text{Punkte auf } E \text{ modulo } p)$.

In den 50er Jahren hat Taniyama vermutet, dass eine solche L-Funktion mit der einer Gewicht 2 Neuform übereinstimmt. In den 60er Jahren haben Eichler und Shimura gezeigt, dass man zu jeder Gewicht 2 Neuform mit ganzzahligen Fourierkoeffizienten eine elliptische Kurve E über $\mathbb{Q}$ findet, sodass $L(E, s) = L(G, s)$. Die andere Richtung wurde dann in den 90ern von Wiles, Breuil, Conrad, Diamond, and Taylor [Wil95, BCDT01] bewiesen und hat weitreichende Folgen für diverse Bereiche der Mathematik.

Theorem 5.7 (Modularitätssatz) *Sei E eine elliptische Kurve über $\mathbb{Q}$ mit Führer N_E. Es existiert eine Neuform $G_E(z) = \sum_{n=1}^{\infty} a_E(n)q^n \in S_2(\Gamma_0(N_E))$ vom Gewicht 2, sodass*

$$L(G_E, s) = L(E, s), \ s \in \mathbb{C}.$$

Verallgemeinerungen

6.1 Die Partitionsfunktion und Modulformen von halbganzem Gewicht

Ein weiteres Beispiel einer zahlentheoretischen Funktion, bei der die Betrachtung der Erzeugendenreihe weitreichende Folgen hat, ist die Partitionsfunktion. Hierbei definiert man die Partitionsfunktion $p(n)$ als die Anzahl der Möglichkeiten, n als Summe von natürlichen Zahlen kleiner oder gleich n darzustellen. Man erhält zum Beispiel $p(4) = 5$, denn

$$4 = 3 + 1 = 2 + 2 = 2 + 1 + 1 = 1 + 1 + 1 + 1.$$

Es stellt sich heraus, dass die erzeugende Reihe der Partitionsfunktion ebenfalls (fast) eine schwach holomorphe Modulform ist. Es gilt

$$1 + \sum_{n=1}^{\infty} p(n)q^n = q^{1/24}\eta(z)^{-1},$$

wobei $\eta(z) = q^{1/24}\prod_{n=1}^{\infty}(1 - q^n)$ die Dedekindsche Eta-Funktion bezeichnet. Dies ist eine Modulform vom Gewicht $1/2$. Da sich hierbei Probleme bei der Wahl der holomorphen Wurzel ergeben, geht man bei der Definition von Modulformen halbganzen Gewichts zur metaplektischen Gruppe über (man vergleiche [Kob93]).

Die Tatsache, dass $\sum_{n \in \mathbb{N}_0} p(n)q^n$ eine Modulform ist, wurde von Hardy und Ramanujan benutzt, um mittels der Zirkelmethode eine asymptotische Formel für $p(n)$ herzuleiten

$$p(n) \sim \frac{1}{4n\sqrt{3}}e^{\pi\sqrt{\frac{2n}{3}}}.$$

© Springer Fachmedien Wiesbaden GmbH, ein Teil von Springer Nature 2020
C. Alfes-Neumann, *Modulformen*, essentials,
https://doi.org/10.1007/978-3-658-30192-7_6

6.2   Reell-analytische Modulformen

6.2.1   Maaßformen

1949 hat Hans Maaß die nach ihm benannten Maaßformen definiert, die wie Modulfunktionen transformieren, aber nicht holomorph auf der oberen Halbebene sind.

Definition 6.1   Sei $\Gamma \subset \mathrm{SL}_2(\mathbb{Z})$ eine Fuchssche Gruppe 1. Art (d. h. diskret mit endlichem Kovolumen). Eine Funktion $f : \mathbb{H} \to \mathbb{C}$ heißt *Maaßform zu Γ mit Eigenwert* $\lambda = r(1 - r) \in \mathbb{C}$, falls die folgenden Bedingungen erfüllt sind:

1. $f(Mz) = f(z)$ für alle $M \in \Gamma$;
2. $\Delta_0 f = r(1 - r)f$, wobei $\Delta_0 = -y^2 \left(\frac{\partial^2}{\partial x^2} + \frac{\partial^2}{\partial y^2} \right)$ der hyperbolische Laplace-Operator ist;
3. $\int_{\mathscr{F}(\Gamma \backslash \mathbb{H})} |f(z)|^2 \frac{dx\,dy}{y^2} < \infty$, wobei wir mit $\mathscr{F}(\Gamma \backslash \mathbb{H})$ einen Fundamentalbereich für die Operation von Γ auf $\mathbb{H}$ bezeichnen.

Falls der 0-te Fourierkoeffizient $\int_0^1 f(x + iy)dx$ einer Maaßform f verschwindet (an allen Spitzen), so nennt man f eine *Maaßsche Spitzenform zu Γ mit Eigenwert* $\lambda = r(1 - r) \in \mathbb{C}$.

Man beachte, dass für beliebige Fuchssche Gruppen 1. Art nicht klar ist, dass Maaßsche Spitzenformen überhaupt existieren. Selberg konnte zeigen, dass sie im Fall, dass Γ eine Kongruenzuntergruppe ist, existieren.

Über den Eigenwert $\lambda = r(1-r)$ ist bekannt, dass entweder $\mathfrak{R}(r) = \frac{1}{2}$ oder $\frac{1}{2} < r \le 1$ gilt, d. h. $\lambda \ge \frac{1}{4}$ oder $\lambda < \frac{1}{4}$. Die Eigenwerte mit $\lambda < \frac{1}{4}$ heißen *exzeptionelle Eigenwerte* und es ist bekannt, dass es nur endlich viele solche Eigenwerte gibt. Eine berühmte Vermutung von Selberg besagt, dass alle Eigenwerte $\ge \frac{1}{4}$ sind, wenn Γ eine Kongruenzuntergruppe ist.

Des weiteren kann mit Maaßformen eine Beschreibung der Spektralzerlegung des Hilbertraums der quadratintegrierbaren Funktionen bezüglich des Laplace-Operators Δ_0 angegeben werden.

6.2.2   Harmonische schwache Maaßformen

Bruinier und Funke haben 2004 in einer gemeinsamen Arbeit [BF04] harmonische schwache Maaßformen eingeführt.

Definition 6.2 Sei $k \in \mathbb{Z}$. Eine glatte Funktion $f : \mathbb{H} \to \mathbb{C}$ heißt *harmonische schwache Maaßform vom Gewicht k zu* $\mathrm{SL}_2(\mathbb{Z})$, falls die folgenden Bedingungen erfüllt sind

1. $f(Mz) = (cz+d)^k f(z)$ für alle $M = \left(\begin{smallmatrix} a & b \\ c & d \end{smallmatrix}\right) \in \mathrm{SL}_2(\mathbb{Z})$;
2. $\Delta_k f = 0$, wobei $\Delta_k = -y^2 \left(\frac{\partial^2}{\partial x^2} + \frac{\partial^2}{\partial y^2} \right) + iky \left(\frac{\partial}{\partial x} + i \frac{\partial}{\partial y} \right)$ der hyperbolische Laplace-Operator vom Gewicht k ist;
3. Es gibt ein Fourierpolynom $P_f(z) \in \mathbb{C}[q^{-1}]$ so, dass

$$f(z) - P_f(z) = O(e^{-\varepsilon y})$$

wenn $y \to \infty$ für ein $\varepsilon > 0$.

Auch diese Definition kann man auf halbganzes Gewicht und Kongruenzuntergruppen von $\mathrm{SL}_2(\mathbb{Z})$ verallgemeinern.

Eine harmonische schwache Maaßform f vom Gewicht k zu $\mathrm{SL}_2(\mathbb{Z})$ hat eine Fourierentwicklung der Form

$$f(z) = \sum_{n \gg -\infty} c_f^+(n) q^n + \sum_{n < 0} c_f^-(n) H(2\pi n y) e^{2\pi i n x},$$

wobei $H(w) = e^{-w} \int_{-2w}^{\infty} e^{-t} t^{-k} dt$.

Man nennt $f^+(z) := \sum_{n \gg -\infty} c_f^+(n) q^n$ den holomorphen und $f^-(z) = \sum_{n < 0} c_f^-(n) H(2\pi n y) e^{2\pi i n x}$ den nicht-holomorphen Teil von f.

Sehr bekannte Beispiele für die holomorphen Teile von harmonischen schwachen Maaßformen sind durch Ramanujans Mock Thetafunktionen gegeben. Diese Funktionen definierte er erstmals in seinem letzten Brief an Hardy. Wir betrachten beispielhaft

$$f(q) = \sum_{n=0}^{\infty} \frac{q^{n^2}}{(-q; q)_n^2}, \qquad \omega(q) = \sum_{n=0}^{\infty} \frac{q^{2n(n+1)}}{(q; q)_{n+1}^2},$$

mit $(a; q)_n := \prod_{j=0}^{n-1} (1 - aq^j)$.

Ramanujan behauptete, dass diese Funktionen wie Modulformen transformierten. Allerdings dauerte es bis 2002 bis dieses Transformationsverhalten richtig verstanden wurde. In seiner Doktorarbeit [Zwe02] zeigte Sander Zwegers, dass man Ramanujan's Mock Thetafunktionen *vervollständigen* muss, um das korrekte Transformationsverhalten zu erhalten. Dazu addierte er bestimmte nichtholomorphe Funktionen zu den Mock Thetafunktionen und erhielt so harmonische Maaßformen.

Was Sie aus diesem *essential* mitnehmen können

In dieser Einführung in die Theorie der Modulformen haben Sie...

- Modulformen kennengelernt,
- verstanden, wie man zeigt, dass eine Funktion, eine Modulform ist,
- die Bedeutung von Modulformen in der Zahlentheorie an Beispielen gesehen,
- die Bedeutung von Hecke-Operatoren und L-Funktionen erkannt,
- einen Ausblick auf reell-analytische Verallgemeinerungen von Modulformen erhalten.

© Springer Fachmedien Wiesbaden GmbH, ein Teil von Springer Nature 2020   39
C. Alfes-Neumann, *Modulformen*, essentials,
https://doi.org/10.1007/978-3-658-30192-7

Literatur

[BCDT01] Christophe Breuil, Brian Conrad, Fred Diamond, and Richard Taylor. On the modularity of elliptic curves over $\mathbb{Q}$: wild 3-adic exercises. *J. Amer. Math. Soc.*, 14(4):843–939 (electronic), 2001.

[BF04] Jan H. Bruinier and Jens Funke. On two geometric theta lifts. *Duke Math. J.*, 125(1):45–90, 2004.

[BvdGHZ08] Jan Hendrik Bruinier, Gerard van der Geer, Günter Harder, and Don Zagier. *The 1-2-3 of modular forms*. Universitext. Springer-Verlag, Berlin, 2008. Lectures from the Summer School on Modular Forms and their Applications held in Nordfjordeid, June 2004, Edited by Kristian Ranestad.

[FB93] Eberhard Freitag and Rolf Busam. *Funktionentheorie*. Springer-Lehrbuch. [Springer Textbook]. Springer-Verlag, Berlin, 1993.

[KK07] Max Koecher and Aloys Krieg. *Elliptische Funktionen und Modulformen*. Springer-Verlag, Berlin, revised edition, 2007.

[Kob93] Neal Koblitz. *Introduction to elliptic curves and modular forms*, volume 97 of *Graduate Texts in Mathematics*. Springer-Verlag, New York, second edition, 1993.

[Ono04] Ken Ono. *The web of modularity: arithmetic of the coefficients of modular forms and q-series*, volume 102 of *CBMS Regional Conference Series in Mathematics*. Published for the Conference Board of the Mathematical Sciences, Washington, DC; by the American Mathematical Society, Providence, RI, 2004.

[Ste07] William A Stein. *Modular forms, a computational approach*, volume 79. American Mathematical Soc., 2007.

[Wil95] Andrew Wiles. Modular elliptic curves and Fermat's last theorem. *Ann. of Math. (2)*, 141(3):443–551, 1995.

[Zwe02] Sander Zwegers. Mock theta functions. *Utrecht PhD thesis*, 2002.